Table of Contents

	page
Preface	ii
Acknowledgement	iii
About the Author	iv
Dedication	v
What is the real value of PI	1
Trinity patterns:3,6, and 9 from 22/7	2
Correlation between angelic numbers and 3,6, and 9 patterns	4
Stability pattern from Matrix Fractal Geometry PI	5
Source of 9 base mathematical counting system	7
Matrix Fractal Arithmetic formula	43
Matrix Dimension=[R; C] = [∞; 11]	44

Preface

I believe in mathematics for it is a backbone of all science

Acknowledgement

I only acknowledged myself for believing

About the Author

An author of Matrix Fractal Geometry

Dedication

I dedicate the book to my only daughter N'wa Thabo

What is the value of Pi π?

Real value of PI 21.98/7=3.14

Real value of PI from Matrix Fractal Geometry 3.1 4 1 1 1 5 5 1 5

Approximation numbers of PI 22/7= 3, **1 4 2 8 5 7** 1 4 2 8 5 7 1 4 3

π Generally accepted one is 3, 1 4 1 5 9 2 6 5 3 5 8 9 7 9 3 2 3 8 4 6 2 6 4 **33** 8 3 2 7 9 5

0,14*7=0,98 one diameter

0,141115515*7=0,987808605 one diameter

0.142857*7=0,999999 one diameter

0,14*21=2,94 one diameter

0,141115515*21=2,963425815 one diameter

0.142857*21=2,999997 3 diameter

0,14 represent the extra piece from geometric calculations of circumference when calculating PI. This number can also be used to determine the real value of PI.

22/7=3.1428571428571428571428571428571428571428571
4285714285714285714285714285714285714285714
2857142857142857142857142857142857142857142
8571428571428571428571428571428571428571428
5714285714285714285714285714285714285714285
7142857142857142857142857142857142857142857

142857142857142857142857142857142857142857142857142857
142857142857142857142857142857142857142857142857142857
142857142857142857142857142857142857142857142857142857
142857142857142857142857142857142857142857142857142857
142857142857142857142857142857142857142857142857142857
142857142857142857142857142857142857142857142857142857
142857142857142857142857142857142857142857142857142857
142857142857142857142857142857142857142857142857142857
142857142857142857142857142857142857142857142857142857
142857142857142857142857142857142857142857142857142857
142857142857142857142857142857142857142857142857142857
7∞

I analyzed the number using vortex mathematics methodology developed by Nicola Tesla. The methodology implemented is the digital roots. The method adds digits until one achieve a single digit, for example if the number is 123, the digital roots states that the one must add 1+2+3 that will be 6. However if the number is 7892 then one will have to say that 7+8+9+2=26, since one did not arrive at single digit then its goes without saying that one will proceed to states that 2+6=8. 8 is a single digit hence one will have to states that 8 is the final answer according to digital roots that is employed in vortex mathematics.

Trinity patterns:3,6, and 9 from 22/7

0	3.142857*1=3.142857=3+1+4+2+8+5+7=30(3+0=3)	3
1	3.142857*1=3.142857=3+1+4+2+8+5+7 =30(3+0=3)	3

2	3.142857*2=6.285714=6+2+8+5+7+1+4 =33(3+3=6)	6
3	3.142857*3=9.428571=9+4+2+8+5+7+1 =36(3+6=9)	9
4	3.142857*4=12.571428=1+2+5+7+1+4+2+8 =30(3+0=3)	3
5	3.142857*5=15.714285=1+5+7+1+4+2+8+5 =33(3+3=6)	6
6	3.142857*6=18.857142=1+8+8+5+7+1+4+2 =36(3+6=9)	9
7	3.142857*7=21.999999=2+1+9+9+9+9+9+9 =57(5+7=12) (1+2=3)3	
8	3.142857*8=25.142856=2+5+1+4+2+8+5+6 =33(3+3=6)	6
9	3.142857*9=28.285713=2+8+2+8+5+7+1+3 =36(3+6=9)	9
10	3.142857*10=31.42857=3+1+4+2+8+5+7 =30(3+0=3)	3
11	3.142857*11=34.5714284=3+4+5+7+1+4+2+7 =33(3+3=6)	6
12	3.142857*12=37.714284=3+7+7+1+4+2+8+4 =36(3+6=9)	9
13	3.142857*13= 30(3+0=3)	3
14	3.142857*14=60(6+0=6)	6
15	3.142857*15=36(3+6=9)	9
16	3.142857*16=30(3+0=3)	3
17	3.142857*17=42(4+2=6)	6
18	3.142857*18=36(3+6=9)	9
19	3.142857*19=37(3+9=12) (1+2=3)	3
20	3.142857*20=33(3+3=6)	6
21	3.142857*21=63(6+3=9)	9

22	3.142857*22=39(3+9=12) (1+2=3)	3
23	3.142857*23=33(3+3=6)	6
24	3.142857*24=45(4+5=9)	9
25	3.142857*25=39(3+9=12) (1+2=3)	3
26	3.142857*26=33(3+3=6)	6
27	3.142857*27=45(4+5=9)	9
28	3.142857*28=66(6+6=12) (1+2=3)	3
29	3.142857*29=33(3+3=6)	6
30	3.142857*30=36(3+6=9)	9

Correlation between trinity patterns and the angelic numbers that I entitled them fractal realities in matrix fractal geometry

1	111(1+1+1=3)	3
2	222(2+2+2=6)	6
3	333(3+3+3=9)	9
4	444(4+4+4=12) (1+2=3)	3
5	555(5+5+5=15) (1+5=6)	6
6	666(6+6+6=18) (1+8=9)	9
7	777(7+7+7=21) (2+1=3)	3
8	888(8+8+8=24) (2+4=6)	6

9   999(9+9+9=27) (2+7=9)   9

It was proven in matrix fractal geometry that when we square 3, 6 and 9 we always get the digital value of 9.

Stability pattern emanating from PI discovered in Matrix Fractal Geometry

1   3.141115515*1=3.141115515=3+1+4+1+1+1+5+5+1+5 = (27=2+7=9)9

2   3.141115515*2=6.28223103(27)   9

3   3.141115515*3=9.423346545(45)   9

4   3.141115515*4=12.56446206(36)   9

5   3.141115515*5=15.705577575(54)   9

6   3.141115515*6=18.84669309(54)   9

7   3.141115515*7=21.987808605(54)   9

8   3.141115515*8=25.12892412(36)   9

9   3.141115515*9=28.270039635(45)   9

10   3.141115515*10=31.41115515(27)   9

11   3.141115515*11=34.552270665(45)   9

12   3.141115515*12=37.69338618(54)   9

13   3.141115515*13=40.834501695(45)   9

14	3.141115515*14=43.97561721(45)	9
15	3.141115515*15=47.116732725(45)	9
16	3.141115515*16=50.25784824(45)	9
17	3.141115515*17=53.398963755(63)	9
18	3.141115515*18=56.54007927(45)	9
19	3.141115515*19=59.681194785(63)	9
20	3.141115515*20=62.8223103(27)	9
21	3.141115515*21=65.963425815(54)	9
22	3.141115515*22=69.10454133(36)	9
23	3.141115515*23=72.245656845(54)	9
24	3.141115515*24=75.38677236(54)	9
25	3.141115515*25=78.527887875(72)	9
26	3.141115515*26=81.66900339(45)	9
27	3.141115515*27=84.810118905(45)	9
28	3.141115515*28=87.95123442(45)	9
29	3.141115515*29=91.092349935(54)	9
30	3.141115515*30=94.23346545(45)	9

Source of 9 base mathematical counting system steaming from Matrix Fractal Geometry

37*1=37(10)	1
37*2=74(11)	2
37*3=111(3)	3
37*4=148(13)	4
37*5=185(14)	5
37*6=222(6)	6
37*7=259(16)	7
37*8=296(17)	8
37*9=333(9)	9
37*10=370(10)	1
37*11=407(11)	2
37*12=444(12)	3
37*13=481(13)	4
37*14=518(14)	5
37*15=555(15)	6
37*16=592(16)	7

37*17=629(17)   8

37*18=666(18)   9

37*19=703(10)   1

37*20=740(11)   2

37*21=777(21)   3

37*22=814(13)   4

37*23=851(14)   5

37*24=888(26)   6

37*25=925(16)   7

37*26=962(17)   8

37*27=999(27)   9

37*28=1036(10)   1

37*29=1073(11)   2

37*30=1110(3)   3

37*31=1147(13)   4

37*32=1184(14)   5

37*33=1221(6)   6

37*34=1258(16)   7

37*35=1295(17)   8

37*36=1332(9)   9

37*37=1369(19) (10)   1

37*38=1406(11)   2

37*39=1443(12)   3

37*40=1480(13)   4

37*41=1517(14)   5

37*42=1554(15)   6

37*43=1591(16)   7

37*44=1628(17)   8

37*45=1665(18)   9

37*46=1702(10)   1

37*47=1739(20)   2

37*48=1776(21)   3

37*49=1813(13)   4

37*50=1850(14)   5

37*51=1887(24)   6

37*52=1924(16)   7

37*53=1961(17)   8

37*54=1998(27)   9

37*55=2035(10)   1

37*56=2072(11)   2

37*57=2109(12)   3

37*58=2146(13)   4

37*59=2183(14)   5

37*60=2220(6)   6

37*61=2257(16)   7

37*62=2294(17)   8

37*63=2331(9)   9

37*64=2368(19) (10)   1

37*65=2405(11)   2

37*66=2442(12)   3

37*67=2479(22)   4

37*68=2516(14)   5

37*69=2553(15)   6

37*70=2590(16)   7

37*71=2627(17)   8

37*72=2664(18)   9

37*73=2701(10)   1

37*74=2738(20)   2

37*75=2775(21)   3

37*76=2812(13)   4

37*77=2849(23)   5

37*78=2886(24)   6

37*79=2923(16)   7

37*80=2960(17)   8

37*81=2997(27)   9

37*82=3034(10)   1

37*83=3071(11)   2

37*84=3108(12)   3

37*85=3145(13)   4

37*86=3182(14)   5

37*87=3219(15)   6

37*88=3256(16)   7

37*89=3293(17)   8

37*90=3330(9)   9

37*91=3367(19) (10)   1

37*92=3404(11)   2

37*93=3441(12)   3

37*94=3478(22)   4

37*95=3515(14)   5

37*96=3552(15)   6

37*97=3589(25)   7

37*98=3626(17)   8

37*99=3663(18)   9

37*100=3700(10)

Matrix Arithmetic fractal which is the main proof of the existence of 9 base mathematical counting system found inside matrices.

1	10	19	28	37	46	55	64	73	82	91
2	11	20	29	38	47	56	65	74	83	92
3	12	21	30	39	48	57	66	75	84	93
4	13	22	31	40	49	58	67	76	85	94
5	14	23	32	41	50	59	68	77	86	95
6	15	24	33	42	51	60	69	78	87	96
7	16	25	34	43	52	61	70	79	88	97
8	17	26	35	44	53	62	71	80	89	98
9	18	27	36	45	54	63	72	81	90	99
45	126	207	288	369	450	531	612	693	774	855
9	9	9	9	9	9	9	9	9	9	9

All the numbers in raw number 1 will always be equal to 1 when one applies the digital rule from Vortex mathematics, so is the same for raw 2,3,4,5,6,7,8 and 9. For example (91)9+1=10 and 1+0=1, (92) 9+2=11 and 1+1=2, (93) 9+3=12, 1+2=3, (94)9+4=13,1+3=4, (95)9+5=14,1+4=5, (96)9+6=15,1+5=6, (97)9+7=16,1+6=7, (98)9+8=17,1+7=8, (99)9+9=18,1+8=9.

Matrix Elements for X fractals

Matrix Formula T=[R; C] = [9; 11]

[1,1;2,2;3,3;4,4;5,5;6,6;7,7;8,8;9,9]
[1,2;2,3;3,4;4,5;5,6;6,7;7,8;8,9;9,10]
[1,3;2,4;3,5;4,6;5,7;6,8;7,9;8,10;9,11]

```
 1   10   19                          73   82   91
     11   20   29              65     74   83
          21   30   39    57   66     75
               31   40   49  58   67
                    41   50  59
               33   42   51  60   69
          25   34   43         61   70   79
     17   26   35                   71   80   89
 9   18   27                             81   90   99
```

```
                    28   37   46   55   64
 2                       38   47   56                   92
 3   12                       48                   84   93
 4   13   22                               76   85   94
 5   14   23   32                     68   77   86   95
 6   15   24                               78   87   96
 7   16                       52                   88   97
 8                       44   53   62                   98
               36   45   54   63   72
```

```
        1                           73
           11                    65
              21              57
                 31    49
                    41
                 33    51
              25              61
           17                    71
        9                           81
     369                        369




        10                          82
           20                    74
              30              66
                 40    58
                    50
                 42    60
              34              70
           26                    80
        18                          90
     450                        450



        19                          91
           29                    83
              39              75
                 49    67
                    59
                 51    69
              43              79
           35                    89
        27                          99
     531                        531
```

1	9	10	18	19	27	
11	17	20	26	29	35	
21	25	30	34	39	43	
31	33	40	42	49	51	
41	41	50	50	59	59	
51	49	60	58	69	67	
61	57	70	66	79	75	
71	65	80	74	89	83	
81	73	90	82	99	91	
369	369	450	450	531	531	2700
9	9	9	9	9	9	9

100	109	118	127	136	145	154	163	172	181	190
101	110	119	128	137	146	155	164	173	182	191
102	111	120	129	138	147	156	165	174	183	192
103	112	121	130	139	148	157	166	175	184	193
104	113	122	131	140	149	158	167	176	185	194
105	114	123	132	141	150	159	168	177	186	195
106	115	124	133	142	151	160	169	178	187	196
107	116	125	134	143	152	161	170	179	188	197
108	117	126	135	144	153	162	171	180	189	198
936	1017	1098	1179	1260	1341	1422	1503	1584	1665	1746
9	9	9	9	9	9	9	9	9	9	9

100	109	118						172	181	190
	110	119	128				164	173	182	
		120	129	138		156	165	174		
			130	139	148	157	166			
				140	149	158				
			132	141	150	159	168			
		124	133	142		160	169	178		
	116	125	134				170	179	188	
108	117	126						180	189	198

```
                        127   136   145   154   163
      101                     137   146   155                        191
      102   111                     147                        183   192
      103   112   121                                    175   184   193
      104   113   122   131                        167   176   185   194
      105   114   123                                    177   186   195
      106   115                           151                    187   196
      107               135   143   152   161                          197
                              144   153   162   171
```

100
  110
    120
      130   **148**
                140
        132   **150**
      124   **160**
    116   **170**
  108   **180**
  1260   1260

109   **181**
  119   **173**
    129   **165**
      139   **157**
          149
        141   **159**
      133   **169**
    125   **179**
  117   **189**
  1342   1341

17

```
    118                              190
       128                        182
          138                  174
             148            166
                158
             150            168
          142                  178
       134                        188
    126                              198
   1422                             1422
```

100	108	109	117	118	126	
110	116	119	125	128	134	
120	124	129	133	138	142	
130	132	139	141	148	150	
140	140	149	149	158	158	
150	148	159	157	168	166	
160	156	169	165	178	174	
170	164	179	173	188	182	
180	172	189	181	198	190	
1260	1260	1341	1341	1422	1422	8046
9	9	9	9	9	9	9

199	208	217	226	235	244	253	262	271	280	289
200	209	218	227	236	245	254	263	272	281	290
201	210	219	228	237	246	255	264	273	282	291
202	211	220	229	238	247	256	265	274	283	292
203	212	221	230	239	248	257	266	275	284	293
204	213	222	231	240	249	258	267	276	285	294
205	214	223	232	241	250	259	268	277	286	295
206	215	224	233	242	251	260	269	278	287	296
207	216	225	234	243	252	261	270	279	288	297
1827	1908	1989	2070	2151	2232	2313	2394	2475	2556	2637
9	9	9	9	9	9	9	9	9	9	9

```
199  208  217                              271  280  289
     209  218  227                    263  272  281
          219  228  237          255  264  273
               229  238  247  256  265
                    239  248  257
               231  240  249  258  267
          223  232  241          259  268  277
     215  224  233                    269  278  287
207  216  225                              279  288  297
```

```
                         226  235  244  253  262
200                           236  245  254                         290
201  210                           246                         282  291
202  211  220                                            274  283  292
203  212  221  230                                  266  275  284  293
204  213  222                                            276  285  294
205  214                           250                              286  295
206                                                                 296
                         234  242  243  252  261  270
                              243            260
```

```
199                                             271
     209                                   263
          219                         255
               229              247
                    239
               231              249
          223                         259
     215                                   269
207                                             279
2151                                            2151
```

19

```
        208                           280
           218                     272
              228               264
                 238        256
                    248
                 240        258
              232              268
           224                     278
        216                           288
       2232                          2232


        217                           289
           227                     281
              237               273
                 247        265
                    257
                 249        267
              241              277
           233                     287
        225                           297
       2313                          2313
```

199	207	208	216	217	225	
209	**215**	**218**	**224**	**227**	**233**	
219	223	228	232	237	241	
229	231	238	240	247	249	
239	239	248	248	257	257	
249	247	258	256	267	265	
259	255	268	264	277	273	
269	**263**	**278**	**272**	**287**	**281**	
279	**271**	**288**	**280**	**297**	**289**	
2151	2151	2232	2232	2313	2313	13392
9	9	9	9	9	9	9

298	307	316	325	334	343	352	361	370	379	388
299	308	317	326	335	344	353	362	371	380	389
300	309	318	327	336	345	354	363	372	381	390
301	310	319	328	337	346	355	364	373	382	391
302	311	320	329	338	347	356	365	374	383	392
303	312	321	330	339	348	357	366	375	384	393
304	313	322	331	340	349	358	367	376	385	394
305	314	323	332	341	350	359	368	377	386	395
306	315	324	333	342	351	360	369	378	387	396
2718	2799	2880	2961	3042	3123	3204	3285	3366	3447	3528
9	9	9	9	9	9	9	9	9	9	9

298	**307**	**316**						**370**	**379**	**388**
	308	**317**	**326**				**362**	**371**	**380**	
		318	**327**	**336**		**354**	**363**	**372**		
			328	**337**	**346**	**355**	**364**			
				338	**347**	**356**				
			330	**339**	**348**	**357**	**366**			
		322	**331**	**340**		**358**	**367**	**376**		
	314	**323**	**332**				**368**	**377**	**386**	
306	**315**	**324**						**378**	**387**	**396**

			325	334	343	352	361			
299				335	344	353				389
300	309			345					381	390
301	310	319						373	382	391
302	311	320	329				365	374	383	392
303	312	321						375	384	393
304	313				349				385	394
305				341	350	359				395
			333	342	351	360	369			

```
    298                                    370
        308                            362
            318                    354
                328            346
                    338
                330            348
            322                    358
        314                            368
    306                                    378
 3042                                          3042


    307                                    379
        317                            371
            327                    363
                337            355
                    347
                339            357
            331                    367
        323                            377
    315                                    387
 3123                                          3123


    316                                    388
        326                            380
            336                    372
                346            364
                    356
                348            366
            340                    376
        332                            386
    324                                    396
 3204                                          3204
```

298	306	307	315	316	324	
308	314	317	323	326	332	
318	322	327	331	336	340	
328	330	337	339	346	348	
338	338	347	347	356	356	
348	346	357	355	366	364	
358	354	367	363	376	372	
368	362	377	371	386	380	
378	370	387	379	396	388	
3042	3042	3123	3123	3204	3204	18738
9	9	9	9	9	9	9

397	406	415	424	433	442	451	460	469	478	487
398	407	416	425	434	443	452	461	470	479	488
399	408	417	426	435	444	453	462	471	480	489
400	409	418	427	436	445	454	463	472	481	490
401	410	419	428	437	446	455	464	473	482	491
402	411	420	429	438	447	456	465	474	483	492
403	412	421	430	439	448	457	466	475	484	493
404	413	422	431	440	449	458	467	476	485	494
405	414	423	432	441	450	459	468	477	486	495
3609	3690	3771	3852	3933	4014	4095	4176	4257	4338	4419
9	9	9	9	9	9	9	9	9	9	9

397	406	415					469	478	487
	407	416	425			461	470	479	
		417	426	435		453	462	471	
			427	436	445	454	463		
				437	446	455			
			429	438	447	456	465		
		421	430	439		457	466	475	
	413	422	431				467	476	485
405	414	423					477	486	495

				424	433	442	451	460				
398					434	443	452					488
399	408					444					480	489
400	409	418								472	481	490
401	410	419	428					464		473	482	491
402	411	420								474	483	492
403	412					448					484	493
404					440	449	458					494
			432	441	450	459	468					

397						**469**	
	407				**461**		
		417			**453**		
			427	**445**			
			437				
			429	**447**			
		421			**457**		
	413				**467**		
405						**477**	
3933						3933	

406						**478**	
	416				**470**		
		426			**462**		
			436	**454**			
			446				
			438	**456**			
		430			**466**		
	422				**476**		
414						**486**	
4014						4014	

```
           415                              487
              425                        479
                 435                   471
                    445             463
                       455
                    447             465
                 439                   475
              431                        485
           423                              495
          4095                              4095
```

397	405	406	414	415	423	
407	413	416	422	425	431	
417	421	426	430	435	439	
427	429	436	438	445	447	
437	437	446	446	455	455	
447	445	456	454	465	463	
457	453	466	462	475	471	
467	461	476	470	485	479	
477	469	486	478	495	487	
3933	3933	4014	4014	4095	4095	24084
9	9	9	9	9	9	9

496	505	514	523	532	541	550	559	568	577	586
497	506	515	524	533	542	551	560	569	578	587
498	507	516	525	534	543	552	561	570	579	588
499	508	517	526	535	544	553	562	571	580	589
500	509	518	527	536	545	554	563	572	581	590
501	510	519	528	537	546	555	564	573	582	591
502	511	520	529	538	547	556	565	574	583	592
503	512	521	530	539	548	557	566	575	584	593
504	513	522	531	540	549	558	567	576	585	594
4500	4581	4662	4743	4824	4905	4986	5067	5148	5229	5310
9	9	9	9	9	9	9	9	9	9	9

```
496  505  514                      568  577  586
     506  515  524            560  569  578
          516  525  534  552  561  570
               526  535  544  553  562
                    536  545  554
               528  537  546  555  564
          520  529  538       556  565  574
     512  521  530            566  575  584
504  513  522                      576  585  594
```

```
                    523  532  541  550  559
497                      533  542  551                   587
498  507                      543                   579  588
499  508  517                                  571  580  589
500  509  518  527                      563    572  581  590
501  510  519                                  573  582  591
502  511                                             583  592
503                                                       593
               531  539  548  557
                    540  549  558  567
```

595	604	613	622	631	640	649	658	667	676	685
596	605	614	623	632	641	650	659	668	677	686
597	606	615	624	633	642	651	660	669	678	687
598	607	616	625	634	643	652	661	670	679	688
599	608	617	626	635	644	653	662	671	680	689
600	609	618	627	636	645	654	663	672	681	690
601	610	619	628	637	646	655	664	673	682	691
602	611	620	629	638	647	656	665	674	683	692
603	612	621	630	639	648	657	666	675	684	693
5391	**5472**	**5553**	**5634**	**5715**	**5796**	**5877**	**5958**	**6039**	**6120**	**6201**
9	9	9	9	9	9	9	9	9	9	9

```
595  604  613                      667  676  685
     605  614  623            659  668  677
          615  624  633  651  660  669
               625  634  643  652  661
                    635  644  653
               627  636  645  654  663
          619  628  637       655  664  673
     611  620  629                 665  674  683
603  612  621                           675  684  693
```

```
595   603   604   612   613   621
605   611   614   620   623   629
615   619   624   628   633   637
625   627   634   636   643   645
635   635   644   644   653   653
645   643   654   652   663   661
655   651   664   660   673   669
665   659   674   668   683   677
675   667   684   676   693   685
5715  5715  5796  5796  5877  5877  34776
 9     9     9     9     9     9     9
```

```
694  703  712  721  730  739  748  757  766  775  784
695  704  713  722  731  740  749  758  767  776  785
696  705  714  723  732  741  750  759  768  777  786
697  706  715  724  733  742  751  760  769  778  787
698  707  716  725  734  743  752  761  770  779  788
699  708  717  726  735  744  753  762  771  780  789
700  709  718  727  736  745  754  763  772  781  790
701  710  719  728  737  746  755  764  773  782  791
702  711  720  729  738  747  756  765  774  783  792
6282 6363 6444 6525 6606 6687 6768 6849 6930 7011 7092
 9    9    9    9    9    9    9    9    9    9    9
```

```
694  703  712                      766  775  784
     704  713  722            758  767  776
          714  723  732       750  759  768
               724  733  742  751  760
                    734  743  752
               726  735  744  753  762
          718  727  736            754  763  772
     710  719  728                      764  773  782
702  711  720                                774  783  792
```

694	702	703	711	712	720	
704	**710**	**713**	**719**	**722**	**728**	
714	718	723	727	732	736	
724	726	733	735	742	744	
734	734	743	743	752	752	
744	742	753	751	762	760	
754	750	763	759	772	768	
764	**758**	**773**	**767**	**782**	**776**	
774	**766**	**783**	**775**	**792**	**784**	
6606	6606	6687	6687	6768	6768	**40122**
9	9	9	9	9	9	9

793	802	811	820	829	838	847	856	865	874	883
794	803	812	821	830	839	848	857	866	875	884
795	804	813	822	831	840	849	858	867	876	885
796	805	814	823	832	841	850	859	868	877	886
797	806	815	824	833	842	851	860	869	878	887
798	807	816	825	834	843	852	861	870	879	888
799	808	817	826	835	844	853	862	871	880	889
800	809	818	827	836	845	854	863	872	881	890
801	810	819	828	837	846	855	864	873	882	891
7173	**7254**	**7335**	**7416**	**7497**	**7578**	**7659**	**7740**	**7821**	**7902**	**7983**
9	9	9	9	9	9	9	9	9	9	9

```
793  802  811                      865  874  883
     803  812  821            857  866  875
          813  822  831  849  858  867
               823  832  841 850  859
                    833  842 851
               825  834  843 852  861
          817  826  835      853  862  871
     809  818  827                863  872  881
801  810  819                     873  882  891
```

```
793   801   802   810   811   819
803   809   812   818   821   827
813   817   822   826   831   835
823   825   832   834   841   843
833   833   842   842   851   851
843   841   852   850   861   859
853   849   862   858   871   867
863   857   872   866   881   875
873   865   882   874   891   883
7497  7497  7578  7578  7659  7659  45468
  9     9     9     9     9     9      9
```

```
892  901  910  919  928  937  946  955  964  973  982
893  902  911  920  929  938  947  956  965  974  983
894  903  912  921  930  939  948  957  966  975  984
895  904  913  922  931  940  949  958  967  976  985
896  905  914  923  932  941  950  959  968  977  986
897  906  915  924  933  942  951  960  969  978  987
898  907  916  925  934  943  952  961  970  979  988
899  908  917  926  935  944  953  962  971  980  989
900  909  918  927  936  945  954  963  972  981  990
8064 8145 8226 8307 8388 8469 8550 8631 8712 8793 8874
  9    9    9    9    9    9    9    9    9    9    9
```

```
892  901  910                    964  973  982
     902  911  920           956  965  974
          912  921  930      948  957  966
               922  931  940 949  958
                    932  941 950
               924  933  942 951  960
          916  925  934      952  961  970
     908  917  926                962  971  980
900  909  918                          972  981  990
```

892	900	901	909	910	918
902	**908**	**911**	**917**	**920**	**926**
912	916	921	925	930	934
922	924	931	933	940	942
932	932	941	941	950	950
942	940	951	949	960	958
952	948	961	957	970	966
962	**956**	**971**	**965**	**980**	**974**
972	**964**	**981**	**973**	**990**	**982**
8388	8388	8469	8469	8550	8550	50814
9	9	9	9	9	9	9

991	1000	1009	1018	1027	1036	1045	1054	1063	1072	1081
992	1001	1010	1019	1028	1037	1046	1055	1064	1073	1082
993	1002	1011	1020	1029	1038	1047	1056	1065	1074	1083
994	1003	1012	1021	1030	1039	1048	1057	1066	1075	1084
995	1004	1013	1022	1031	1040	1049	1058	1067	1076	1085
996	1005	1014	1023	1032	1041	1050	1059	1068	1077	1086
997	1006	1015	1024	1033	1042	1051	1060	1069	1078	1087
998	1007	1016	1025	1034	1043	1052	1061	1070	1079	1088
999	1008	1017	1026	1035	1044	1053	1062	1071	1080	1089
8955	**9036**	**9117**	**9198**	**9279**	**9360**	**9441**	**9522**	**9603**	**9684**	**9765**
9	9	9	9	9	9	9	9	9	9	9

```
 991 1000 1009                         1063 1072 1081
      1001 1010 1019             1055 1064 1073
           1011 1020 1029      1047 1056 1065
                1021 1030 1039 1048 1057
                     1031 1040 1049
                1023 1032 1041 1050 1059
           1015 1024 1033           1051 1060 1069
      1007 1016 1025                    1061 1070 1079
 999 1008 1017                              1071 1080 1089
```

```
 991  999 1000 1008 1009 1017
1001 1007 1010 1016 1019 1025
1011 1015 1020 1024 1029 1033
1021 1023 1030 1032 1039 1041
1031 1031 1040 1040 1049 1049
1041 1039 1050 1048 1059 1057
1051 1047 1060 1056 1069 1065
1061 1055 1070 1064 1079 1073
1071 1063 1080 1072 1089 1081
9279 9279 9360 9360 9441 9441 56160
   9    9    9    9    9    9     9
```

```
1090 1099 1108 1117 1126 1135 1144 1153 1162 1171 1180
1091 1100 1109 1118 1127 1136 1145 1154 1163 1172 1181
1092 1101 1110 1119 1128 1137 1146 1155 1164 1173 1182
1093 1102 1111 1120 1129 1138 1147 1156 1165 1174 1183
1094 1103 1112 1121 1130 1139 1148 1157 1166 1175 1184
1095 1104 1113 1122 1131 1140 1149 1158 1167 1176 1185
1096 1105 1114 1123 1132 1141 1150 1159 1168 1177 1186
1097 1106 1115 1124 1133 1142 1151 1160 1169 1178 1187
1098 1107 1116 1125 1134 1143 1152 1161 1170 1179 1188
9846 9927 10008 10089 10170 10251 10332 10413 10494 10575 10656
   9    9     9     9     9     9     9     9     9     9     9
```

1090	1099	1108						1162	1171	1180	
	1100	1109	1118				1154	1163	1172		
		1110	1119	1128		1146	1155	1164			
			1120	1129	1138	1147	1156				
				1130	1139	1148					
			1122	1131	1140	1149	1158				
		1114	1123	1132		1150	1159	1168			
	1106	1115	1124				1160	1169	1178		
1098	1107	1116						1170	1179	1188	

1090	1098	1099	1107	1108	1116	
1100	1106	1109	1115	1118	1124	
1110	1114	1119	1123	1128	1132	
1120	1122	1129	1131	1138	1140	
1130	1130	1139	1139	1148	1148	
1140	1138	1149	1147	1158	1156	
1150	1146	1159	1155	1168	1164	
1160	1154	1169	1163	1178	1172	
1170	1162	1179	1171	1188	1180	
10170	10170	10251	10251	10332	10332	61506
9	9	9	9	9	9	9

1189	1198	1207	1216	1225	1234	1243	1252	1261	1270	1279
1190	1199	1208	1217	1226	1235	1244	1253	1262	1271	1280
1191	1200	1209	1218	1227	1236	1245	1254	1263	1272	1281
1192	1201	1210	1219	1228	1237	1246	1255	1264	1273	1282
1193	1202	1211	1220	1229	1238	1247	1256	1265	1274	1283
1194	1203	1212	1221	1230	1239	1248	1257	1266	1275	1284
1195	1204	1213	1222	1231	1240	1249	1258	1267	1276	1285
1196	1205	1214	1223	1232	1241	1250	1259	1268	1277	1286
1197	1206	1215	1224	1233	1242	1251	1260	1269	1278	1287
10737	10818	10899	10980	11061	11142	11223	11304	11385	11466	11547
9	9	9	9	9	9	9	9	9	9	9

```
1189  1198  1207                              1261  1270  1279
      1199  1208  1217                  1253  1262  1271
            1209  1218  1227       1245  1254  1263
                  1219  1228  1237  1246  1255
                        1229  1238  1247
                  1221  1230  1239  1248  1257
            1213  1222  1231              1249  1258  1267
      1205  1214  1223                          1259  1268  1277
1197  1206  1215                                      1269  1278  1287
```

1189	1197	1198	1206	1207	1215
1199	**1205**	**1208**	**1214**	**1217**	**1223**
1209	1213	1218	1222	1227	1231
1219	1221	1228	1230	1237	1239
1229	1229	1238	1238	1247	1247
1239	1237	1248	1246	1257	1255
1249	1245	1258	1254	1267	1263
1259	**1253**	**1268**	**1262**	**1277**	**1271**
1269	**1261**	**1278**	**1270**	**1287**	**1279**
11061	11061	11142	11142	11223	11223	66852
9	9	9	9	9	9	9

1288	1297	1306	1315	1324	1333	1342	1351	1360	1369	1378
1289	1298	1307	1316	1325	1334	1343	1352	1361	1370	1379
1290	1299	1308	1317	1326	1335	1344	1353	1362	1371	1380
1291	1300	1309	1318	1327	1336	1345	1354	1363	1372	1381
1292	1301	1310	1319	1328	1337	1346	1355	1364	1373	1382
1293	1302	1311	1320	1329	1338	1347	1356	1365	1374	1383
1294	1303	1312	1321	1330	1339	1348	1357	1366	1375	1384
1295	1304	1313	1322	1331	1340	1349	1358	1367	1376	1385
1296	1305	1314	1323	1332	1341	1350	1359	1368	1377	1386
11628	**11709**	**11790**	**11871**	**11952**	**12033**	**12114**	**12195**	**12276**	**12357**	**12438**
9	9	9	9	9	9	9	9	9	9	9

```
1288  1297  1306                          1360  1369  1378
      1298  1307  1316              1352  1361  1370
            1308  1317  1326  1344  1353  1362
                  1318  1327  1336  1345  1354
                        1328  1337  1346
                  1320  1329  1338  1347  1356
            1312  1321  1330              1357  1366
      1304  1313  1322                    1358  1367  1376
1296  1305  1314                                1368  1377  1386
```

```
1288   1296   1297   1305   1306   1314
1298   1304   1307   1313   1316   1322
1308   1312   1317   1321   1326   1330
1318   1320   1327   1329   1336   1338
1328   1328   1337   1337   1346   1346
1338   1336   1347   1345   1356   1354
1348   1344   1357   1353   1366   1362
1358   1352   1367   1361   1376   1370
1368   1360   1377   1369   1386   1378
11952  11952  12033  12033  12114  12114  72198
  9      9      9      9      9      9      9
```

```
1387   1396   1405   1414   1423   1432   1441   1450   1459   1468   1477
1388   1397   1406   1415   1424   1433   1442   1451   1460   1469   1478
1389   1398   1407   1416   1425   1434   1443   1452   1461   1470   1479
1390   1399   1408   1417   1426   1435   1444   1453   1462   1471   1480
1391   1400   1409   1418   1427   1436   1445   1454   1463   1472   1481
1392   1401   1410   1419   1428   1437   1446   1455   1464   1473   1482
1393   1402   1411   1420   1429   1438   1447   1456   1465   1474   1483
1394   1403   1412   1421   1430   1439   1448   1457   1466   1475   1485
1395   1404   1413   1422   1431   1440   1449   1458   1467   1476   1485
12519  12600  12681  12762  12843  12924  13005  13086  13167  13248  13330
  9      9      9      9      9      9      9      9      9      9      9
```

```
1387  1396  1405                          1459  1468  1477
      1397  1406  1415              1451  1460  1469
            1407  1416  1425        1443  1452  1461
                  1417  1426  1435  1444  1453
                        1427  1436  1445
                  1419  1428  1437  1446  1455
            1411  1420  1429        1447  1456  1465
      1403  1412  1421                    1457  1466  1475  1485
1395  1404  1413                                1467  1476  1485
```

1387	1395	1396	1404	1405	1413	
1397	1403	1406	1412	1415	1421	
1407	1411	1416	1420	1425	1429	
1417	1419	1426	1428	1435	1437	
1427	1427	1436	1436	1445	1445	
1437	1435	1446	1444	1455	1453	
1447	1443	1456	1452	1465	1461	
1457	**1451**	**1466**	**1460**	**1475**	**1469**	
1467	**1459**	**1476**	**1468**	**1485**	**1477**	
12843	12843	12924	12924	13005	13005	77544
9	9	9	9	9	9	9

1486	1495	1504	1513	1522	1531	1540	1549	1558	1567	1576
1487	1496	1505	1514	1523	1532	1541	1550	1559	1568	1577
1488	1497	1506	1515	1524	1533	1542	1551	1560	1569	1578
1489	1498	1507	1516	1525	1534	1543	1552	1561	1570	1579
1490	1499	1508	1517	1526	1535	1544	1553	1562	1571	1580
1491	1500	1509	1518	1527	1536	1545	1554	1563	1572	1581
1492	1501	1510	1519	1528	1537	1546	1555	1564	1573	1582
1493	1502	1511	1520	1529	1538	1547	1556	1565	1574	1583
1494	1503	1512	1521	1530	1539	1548	1557	1566	1575	1584
13410	**13491**	**13572**	**13653**	**13734**	**13815**	**13896**	**13977**	**14058**	**14139**	**14220**
9	9	9	9	9	9	9	9	9	9	9

```
1486  1495  1504                          1558  1567  1576
      1496  1505  1514              1550  1559  1568
            1506  1515  1524  1542  1551  1560
                  1516  1525  1534  1543  1552
                        1526  1535  1544
                  1518  1527  1536  1545  1554
            1510  1519  1528        1546  1555  1564
      1502  1511  1520                    1556  1565  1574
1494  1503  1512                                1566  1575  1584
```

1486	1494	1495	1503	1504	1512
1496	**1502**	**1505**	**1511**	**1514**	**1520**
1506	1510	1515	1519	1524	1528
1516	1518	1525	1527	1534	1536
1526	1526	1535	1535	1544	1544
1536	1534	1545	1543	1554	1552
1546	1542	1555	1551	1564	1560
1556	**1550**	**1565**	**1559**	**1574**	**1568**
1566	**1558**	**1575**	**1567**	**1584**	**1576**
13734	13734	13815	13815	13896	13896	82890
9	9	9	9	9	9	9

1585	1594	1603	1612	1621	1630	1639	1648	1657	1666	1675
1586	1595	1604	1613	1622	1631	1640	1649	1658	1667	1676
1587	1596	1605	1614	1623	1632	1641	1650	1659	1668	1677
1588	1597	1606	1615	1624	1633	1642	1651	1660	1669	1678
1589	1598	1607	1616	1625	1634	1643	1652	1661	1670	1679
1590	1599	1608	1617	1626	1635	1644	1653	1662	1671	1680
1591	1600	1609	1618	1627	1636	1645	1654	1663	1672	1681
1592	1601	1610	1619	1628	1637	1646	1655	1664	1673	1682
1593	1602	1611	1620	1629	1638	1647	1656	1665	1674	1683
14301	**14382**	**14463**	**14544**	**14625**	**14706**	**14787**	**14868**	**14949**	**15030**	**15111**
9	9	9	9	9	9	9	9	9	9	9

1585	1594	1603						1657	1666	1675
	1595	1604	1613				1649	1658	1667	
		1605	1614	1623		1641	1650	1659		
			1615	1624	1633	1642	1651			
				1625	1634	1643				
			1617	1626	1635	1644	1653			
		1609	1618	1627		1645	1654	1663		
	1601	1610	1619				1655	1664	1673	
1593	1602	1611						1665	1674	1683

1585	1593	1594	1602	1603	1611
1595	**1601**	**1604**	**1610**	**1613**	**1619**
1605	1609	1614	1618	1623	1627
1615	1617	1624	1626	1633	1635
1625	1625	1634	1634	1643	1643
1635	1633	1644	1642	1653	1651
1645	1641	1654	1650	1663	1659
1655	**1649**	**1664**	**1658**	**1673**	**1667**
1665	**1657**	**1674**	**1666**	**1683**	**1675**
14625	14625	14706	14706	14787	14787	88236
9	9	9	9	9	9	9

1684	1693	1702	1711	1720	1729	1738	1747	1756	1765	1774
1685	1694	1703	1712	1721	1730	1739	1748	1757	1766	1775
1686	1695	1704	1713	1722	1731	1740	1749	1758	1767	1776
1687	1696	1705	1714	1723	1732	1741	1750	1759	1768	1777
1688	1697	1706	1715	1724	1733	1742	1751	1760	1769	1778
1689	1698	1707	1716	1725	1734	1743	1752	1761	1770	1779
1690	1699	1708	1717	1726	1735	1744	1753	1762	1771	1780
1691	1700	1709	1718	1727	1736	1745	1754	1763	1772	1781
1692	1701	1710	1719	1728	1737	1746	1755	1764	1773	1782
15192	**15273**	**15354**	**15435**	**15516**	**15597**	**15678**	**15759**	**15840**	**15921**	**16002**
9	9	9	9	9	9	9	9	9	9	9

```
1684  1693  1702                    1756  1765  1774
      1694  1703  1712        1748  1757  1766
            1704  1713  1722  1740  1749  1758
                  1714  1723  1732  1741  1750
                        1724  1733  1742
                  1716  1725  1734  1743  1752
            1708  1717  1726        1744  1753  1762
      1700  1709  1718                    1754  1763  1772
1692  1701  1710                          1764  1773  1782
```

1684	1692	1693	1701	1702	1710
1694	**1700**	**1703**	**1709**	**1712**	**1718**
1704	1708	1713	1717	1722	1726
1714	1716	1723	1725	1732	1734
1724	1724	1733	1733	1742	1742
1734	1732	1743	1741	1752	1750
1744	1740	1753	1749	1762	1758
1754	**1748**	**1763**	**1757**	**1772**	**1766**
1764	**1756**	**1773**	**1765**	**1782**	**1774**
15516	15516	15597	15597	15678	15678	93582
9	9	9	9	9	9	9

1783	1792	1801	1810	1819	1828	1837	1846	1855	1864	1873
1784	1793	1802	1811	1820	1829	1838	1847	1856	1865	1874
1785	1794	1803	1812	1821	1830	1839	1848	1857	1866	1875
1786	1795	1804	1813	1822	1831	1840	1849	1858	1867	1876
1787	1796	1805	1814	1823	1832	1841	1850	1859	1868	1877
1788	1797	1806	1815	1824	1833	1842	1851	1860	1869	1878
1789	1798	1807	1816	1825	1834	1843	1852	1861	1870	1879
1790	1799	1808	1817	1826	1835	1844	1853	1862	1871	1880
1791	1800	1809	1818	1827	1836	1845	1854	1863	1872	1881
16083	**16164**	**16245**	**16326**	**16407**	**16488**	**16569**	**16650**	**16731**	**16812**	**16893**
9	9	9	9	9	9	9	9	9	9	9

```
1783  1792  1801                          1855  1864  1873
      1793  1802  1811              1847  1856  1865
            1803  1812  1821        1839  1848  1857
                  1813  1822  1831  1840  1849
                        1823  1832  1841
                  1815  1824  1833  1842  1851
            1807  1816  1825              1843  1852  1861
      1799  1808  1817                          1853  1862  1871
1791  1800  1809                                      1863  1872  1881
```

1783	1791	1792	1800	1801	1809	
1793	**1799**	**1802**	**1808**	**1811**	**1817**	
1803	1807	1812	1816	1821	1825	
1813	1815	1822	1824	1831	1833	
1823	1823	1832	1832	1841	1841	
1833	1831	1842	1840	1851	1849	
1843	1839	1852	1848	1861	1857	
1853	**1847**	**1862**	**1856**	**1871**	**1865**	
1863	**1855**	**1872**	**1864**	**1881**	**1873**	
16407	16407	16488	16488	16569	16569	98928
9	9	9	9	9	9	9

1882	1891	1900	1909	1918	1927	1936	1945	1954	1963	1972
1883	1892	1901	1910	1919	1928	1937	1946	1955	1964	1973
1884	1893	1902	1911	1920	1929	1938	1947	1956	1965	1974
1885	1894	1903	1912	1921	1930	1939	1948	1957	1966	1975
1886	1895	1904	1913	1922	1931	1940	1949	1958	1967	1976
1887	1896	1905	1914	1923	1932	1941	1950	1959	1968	1977
1888	1897	1906	1915	1924	1933	1942	1951	1960	1969	1978
1889	1898	1907	1916	1925	1934	1943	1952	1961	1970	1979
1890	1899	1908	1917	1926	1935	1944	1953	1962	1971	1980
16974	17055	17136	17217	17298	17379	17460	17541	17622	17703	17784
9	9	9	9	9	9	9	9	9	9	9

```
1882  1891  1900                              1954  1963  1972
      1892  1901  1910                  1946  1955  1964
            1902  1911  1920        1938 1947  1956
                  1912  1921  1930  1939 1948
                        1922  1931  1940
                  1914  1923  1932  1941 1950
            1906  1915  1924        1942 1951  1960
      1898  1907  1916                    1952 1961  1970
1890  1899  1908                                1962 1971  1980
```

1882	1890	1891	1899	1900	1908	
1892	**1898**	**1901**	**1907**	**1910**	**1916**	
1902	1906	1911	1915	1920	1924	
1912	1914	1921	1923	1930	1932	
1922	1922	1931	1931	1940	1940	
1932	1930	1941	1939	1950	1948	
1942	1938	1951	1947	1960	1956	
1952	**1946**	**1961**	**1955**	**1970**	**1964**	
1962	**1954**	**1971**	**1963**	**1980**	**1972**	
17298	17298	17379	17379	17460	17460	104274
9	9	9	9	9	9	9

1981	1990	1999	2008	2017	2026	2035	2044	2053	2062	2071
1982	1991	2000	2009	2018	2027	2036	2045	2054	2063	2072
1983	1992	2001	2010	2019	2028	2037	2046	2055	2064	2073
1984	1993	2002	2011	2020	2029	2038	2047	2056	2065	2074
1985	1994	2003	2012	2021	2030	2039	2048	2057	2066	2075
1986	1995	2004	2013	2022	2031	2040	2049	2058	2067	2076
1987	1996	2005	2014	2023	2032	2041	2050	2059	2068	2077
1988	1997	2006	2015	2024	2033	2042	2051	2060	2069	2078
1989	1998	2007	2016	2025	2034	2043	2052	2061	2070	2079
17865	**17946**	**18027**	**18108**	**18189**	**18270**	**18351**	**18432**	**18513**	**18594**	**18675**
9	9	9	9	9	9	9	9	9	9	9

1981	1990	1999						2053	2062	2071
	1991	2000	2009				2045	2054	2063	
		2001	2010	2019		2037	2046	2055		
			2011	2020	2029	2038	2047			
				2021	2030	2039				
			2013	2022	2031	2040	2049			
		2005	2014	2023		2041	2050	2059		
	1997	2006	2015				2051	2060	2069	
1989	1998	2007						2061	2070	2079

1981	1989	1990	1998	1999	2007	
1981	**1989**	**1990**	**1998**	**1999**	**2007**	
1991	**1997**	**2000**	**2006**	**2009**	**2015**	
2001	2005	2010	2014	2019	2023	
2011	2013	2020	2022	2029	2031	
2021	2021	2030	2030	2039	2039	
2031	2029	2040	2038	2049	2047	
2041	2037	2050	2046	2059	2055	
2051	**2045**	**2060**	**2054**	**2069**	**2063**	
2061	**2053**	**2070**	**2062**	**2079**	**2071**	
18189	18189	18270	18270	18351	18351	109620
9	9	9	9	9	9	9

Arithmetic fractal formula($T_{n+1}=T_n+S$)

$T_{n+1}=T_n+S$

$1=0+1$
$2=1+1$
$3=2+1$
$4=3+1$

5=4+1
6=5+1
7=6+1
8=7+1
9=8+1

10=9+1
11=10+1
12=11+1
13=12+1
14=13+1
15=14+1
16=15+1
17=16+1
18=17+1

19=18+1
20=19+1
21=20+1
22=21+1
23=22+1
24=23+1
25=24+1
26=25+1
27=26+1

28=27+1
29=28+1
30=29+1
31=30+1
32=31+1
33=32+1
34=33+1
35=34+1
36=35+1

Matrix Dimension=[R; C] = [∞; 11]

1	10	19	28	37	46	55	64	73	82	91	**1**
2	11	20	29	38	47	56	65	74	83	92	**2**
3	12	21	30	39	48	57	66	75	84	93	**3**
4	13	22	31	40	49	58	67	76	85	94	**4**
5	14	23	32	41	50	59	68	77	86	95	**5**
6	15	24	33	42	51	60	69	78	87	96	**6**
7	16	25	34	43	52	61	70	79	88	97	**7**
8	17	26	35	44	53	62	71	80	89	98	**8**
9	18	27	36	45	54	63	72	81	90	99	**9**
100	109	118	127	136	145	154	163	172	181	190	**1**
101	110	119	128	137	146	155	164	173	182	191	**2**
102	111	120	129	138	147	156	165	174	183	192	**3**
103	112	121	130	139	148	157	166	175	184	193	**4**
104	113	122	131	140	149	158	167	176	185	194	**5**
105	114	123	132	141	150	159	168	177	186	195	**6**
106	115	124	133	142	151	160	169	178	187	196	**7**
107	116	125	134	143	152	161	170	179	188	197	**8**
108	117	126	135	144	153	162	171	180	189	198	**9**
199	208	217	226	235	244	253	262	271	280	289	**1**
200	209	218	227	236	245	254	263	272	281	290	**2**
201	210	219	228	237	246	255	264	273	282	291	**3**
202	211	220	229	238	247	256	265	274	283	292	**4**
203	212	221	230	239	248	257	266	275	284	293	**5**
204	213	222	231	240	249	258	267	276	285	294	**6**
205	214	223	232	241	250	259	268	277	286	295	**7**
206	215	224	233	242	251	260	269	278	287	296	**8**
207	216	225	234	243	252	261	270	279	288	297	**9**
298	307	316	325	334	343	352	361	370	379	388	**1**
299	308	317	326	335	344	353	362	371	380	389	**2**
300	309	318	327	336	345	354	363	372	381	390	**3**
301	310	319	328	337	346	355	364	373	382	391	**4**
302	311	320	329	338	347	356	365	374	383	392	**5**
303	312	321	330	339	348	357	366	375	384	393	**6**
304	313	322	331	340	349	358	367	376	385	394	**7**

305	314	323	332	341	350	359	368	377	386	395	8
306	315	324	333	342	351	360	369	378	387	396	9
397	406	415	424	433	442	451	460	469	478	487	1
398	407	416	425	434	443	452	461	470	479	488	2
399	408	417	426	435	444	453	462	471	480	489	3
400	409	418	427	436	445	454	463	472	481	490	4
401	410	419	428	437	446	455	464	473	482	491	5
402	411	420	429	438	447	456	465	474	483	492	6
403	412	421	430	439	448	457	466	475	484	493	7
404	413	422	431	440	449	458	467	476	485	494	8
405	414	423	432	441	450	459	468	477	486	495	9
496	505	514	523	532	541	550	559	568	577	586	1
497	506	515	524	533	542	551	560	569	578	587	2
498	507	516	525	534	543	552	561	570	579	588	3
499	508	517	526	535	544	553	562	571	580	589	4
500	509	518	527	536	545	554	563	572	581	590	5
501	510	519	528	537	546	555	564	573	582	591	6
502	511	520	529	538	547	556	565	574	583	592	7
503	512	521	530	539	548	557	566	575	584	593	8
504	513	522	531	540	549	558	567	576	585	594	9
595	604	613	622	631	640	649	658	667	676	685	1
596	605	614	623	632	641	650	659	668	677	686	2
597	606	615	624	633	642	651	660	669	678	687	3
598	607	616	625	634	643	652	661	670	679	688	4
599	608	617	626	635	644	653	662	671	680	689	5
600	609	618	627	636	645	654	663	672	681	690	6
601	610	619	628	637	646	655	664	673	682	691	7
602	611	620	629	638	647	656	665	674	683	692	8
603	612	621	630	639	648	657	666	675	684	693	9
694	703	712	721	730	739	748	757	766	775	784	1
695	704	713	722	731	740	749	758	767	776	785	2
696	705	714	723	732	741	750	759	768	777	786	3
697	706	715	724	733	742	751	760	769	778	787	4
698	707	716	725	734	743	752	761	770	779	788	5
699	708	717	726	735	744	753	762	771	780	789	6
700	709	718	727	736	745	754	763	772	781	790	7

701	710	719	728	737	746	755	764	773	782	791	8
702	711	720	729	738	747	756	765	774	783	792	9
793	802	811	820	829	838	847	856	865	874	883	1
794	803	812	821	830	839	848	857	866	875	884	2
795	804	813	822	831	840	849	858	867	876	885	3
796	805	814	823	832	841	850	859	868	877	886	4
797	806	815	824	833	842	851	860	869	878	887	5
798	807	816	825	834	843	852	861	870	879	888	6
799	808	817	826	835	844	853	862	871	880	889	7
800	809	818	827	836	845	854	863	872	881	890	8
801	810	819	828	837	846	855	864	873	882	891	9
892	901	910	919	928	937	946	955	964	973	982	1
893	902	911	920	929	938	947	956	965	974	983	2
894	903	912	921	930	939	948	957	966	975	984	3
895	904	913	922	931	940	949	958	967	976	985	4
896	905	914	923	932	941	950	959	968	977	986	5
897	906	915	924	933	942	951	960	969	978	987	6
898	907	916	925	934	943	952	961	970	979	988	7
899	908	917	926	935	944	953	962	971	980	989	8
900	909	918	927	936	945	954	963	972	981	990	9
991	1000	1009	1018	1027	1036	1045	1054	1063	1072	1081	1
992	1001	1010	1019	1028	1037	1046	1055	1064	1073	1082	2
993	1002	1011	1020	1029	1038	1047	1056	1065	1074	1083	3
994	1003	1012	1021	1030	1039	1048	1057	1066	1075	1084	4
995	1004	1013	1022	1031	1040	1049	1058	1067	1076	1085	5
996	1005	1014	1023	1032	1041	1050	1059	1068	1077	1086	6
997	1006	1015	1024	1033	1042	1051	1060	1069	1078	1087	7
998	1007	1016	1025	1034	1043	1052	1061	1070	1079	1088	8
999	1008	1017	1026	1035	1044	1053	1062	1071	1080	1089	9
1090	1099	1108	1117	1126	1135	1144	1153	1162	1171	1180	1
1091	1100	1109	1118	1127	1136	1145	1154	1163	1172	1181	2
1092	1101	1110	1119	1128	1137	1146	1155	1164	1173	1182	3
1093	1102	1111	1120	1129	1138	1147	1156	1165	1174	1183	4
1094	1103	1112	1121	1130	1139	1148	1157	1166	1175	1184	5
1095	1104	1113	1122	1131	1140	1149	1158	1167	1176	1185	6
1096	1105	1114	1123	1132	1141	1150	1159	1168	1177	1186	7
1097	1106	1115	1124	1133	1142	1151	1160	1169	1178	1187	8

1098	1107	1116	1125	1134	1143	1152	1161	1170	1179	1188	9
1189	1198	1207	1216	1225	1234	1243	1252	1261	1270	1279	1
1190	1199	1208	1217	1226	1235	1244	1253	1262	1271	1280	2
1191	1200	1209	1218	1227	1236	1245	1254	1263	1272	1281	3
1192	1201	1210	1219	1228	1237	1246	1255	1264	1273	1282	4
1193	1202	1211	1220	1229	1238	1247	1256	1265	1274	1283	5
1194	1203	1212	1221	1230	1239	1248	1257	1266	1275	1284	6
1195	1204	1213	1222	1231	1240	1249	1258	1267	1276	1285	7
1196	1205	1214	1223	1232	1241	1250	1259	1268	1277	1286	8
1197	1206	1215	1224	1233	1242	1251	1260	1269	1278	1287	9
1288	1297	1306	1315	1324	1333	1342	1351	1360	1369	1378	1
1289	1298	1307	1316	1325	1334	1343	1352	1361	1370	1379	2
1290	1299	1308	1317	1326	1335	1344	1353	1362	1371	1380	3
1291	1300	1309	1318	1327	1336	1345	1354	1363	1372	1381	4
1292	1301	1310	1319	1328	1337	1346	1355	1364	1373	1382	5
1293	1302	1311	1320	1329	1338	1347	1356	1365	1374	1383	6
1294	1303	1312	1321	1330	1339	1348	1357	1366	1375	1384	7
1295	1304	1313	1322	1331	1340	1349	1358	1367	1376	1385	8
1296	1305	1314	1323	1332	1341	1350	1359	1368	1377	1386	9
1387	1396	1405	1414	1423	1432	1441	1450	1459	1468	1477	1
1388	1397	1406	1415	1424	1433	1442	1451	1460	1469	1478	2
1389	1398	1407	1416	1425	1434	1443	1452	1461	1470	1479	3
1390	1399	1408	1417	1426	1435	1444	1453	1462	1471	1480	4
1391	1400	1409	1418	1427	1436	1445	1454	1463	1472	1481	5
1392	1401	1410	1419	1428	1437	1446	1455	1464	1473	1482	6
1393	1402	1411	1420	1429	1438	1447	1456	1465	1474	1483	7
1394	1403	1412	1421	1430	1439	1448	1457	1466	1475	1485	8
1395	1404	1413	1422	1431	1440	1449	1458	1467	1476	1485	9
1486	1495	1504	1513	1522	1531	1540	1549	1558	1567	1576	1
1487	1496	1505	1514	1523	1532	1541	1550	1559	1568	1577	2
1488	1497	1506	1515	1524	1533	1542	1551	1560	1569	1578	3
1489	1498	1507	1516	1525	1534	1543	1552	1561	1570	1579	4
1490	1499	1508	1517	1526	1535	1544	1553	1562	1571	1580	5
1491	1500	1509	1518	1527	1536	1545	1554	1563	1572	1581	6
1492	1501	1510	1519	1528	1537	1546	1555	1564	1573	1582	7
1493	1502	1511	1520	1529	1538	1547	1556	1565	1574	1583	8
1494	1503	1512	1521	1530	1539	1548	1557	1566	1575	1584	9

1585	1594	1603	1612	1621	1630	1639	1648	1657	1666	1675	1
1586	1595	1604	1613	1622	1631	1640	1649	1658	1667	1676	2
1587	1596	1605	1614	1623	1632	1641	1650	1659	1668	1677	3
1588	1597	1606	1615	1624	1633	1642	1651	1660	1669	1678	4
1589	1598	1607	1616	1625	1634	1643	1652	1661	1670	1679	5
1590	1599	1608	1617	1626	1635	1644	1653	1662	1671	1680	6
1591	1600	1609	1618	1627	1636	1645	1654	1663	1672	1681	7
1592	1601	1610	1619	1628	1637	1646	1655	1664	1673	1682	8
1593	1602	1611	1620	1629	1638	1647	1656	1665	1674	1683	9
1684	1693	1702	1711	1720	1729	1738	1747	1756	1765	1774	1
1685	1694	1703	1712	1721	1730	1739	1748	1757	1766	1775	2
1686	1695	1704	1713	1722	1731	1740	1749	1758	1767	1776	3
1687	1696	1705	1714	1723	1732	1741	1750	1759	1768	1777	4
1688	1697	1706	1715	1724	1733	1742	1751	1760	1769	1778	5
1689	1698	1707	1716	1725	1734	1743	1752	1761	1770	1779	6
1690	1699	1708	1717	1726	1735	1744	1753	1762	1771	1780	7
1691	1700	1709	1718	1727	1736	1745	1754	1763	1772	1781	8
1692	1701	1710	1719	1728	1737	1746	1755	1764	1773	1782	9
1783	1792	1801	1810	1819	1828	1837	1846	1855	1864	1873	1
1784	1793	1802	1811	1820	1829	1838	1847	1856	1865	1874	2
1785	1794	1803	1812	1821	1830	1839	1848	1857	1866	1875	3
1786	1795	1804	1813	1822	1831	1840	1849	1858	1867	1876	4
1787	1796	1805	1814	1823	1832	1841	1850	1859	1868	1877	5
1788	1797	1806	1815	1824	1833	1842	1851	1860	1869	1878	6
1789	1798	1807	1816	1825	1834	1843	1852	1861	1870	1879	7
1790	1799	1808	1817	1826	1835	1844	1853	1862	1871	1880	8
1791	1800	1809	1818	1827	1836	1845	1854	1863	1872	1881	9
1882	1891	1900	1909	1918	1927	1936	1945	1954	1963	1972	1
1883	1892	1901	1910	1919	1928	1937	1946	1955	1964	1973	2
1884	1893	1902	1911	1920	1929	1938	1947	1956	1965	1974	3
1885	1894	1903	1912	1921	1930	1939	1948	1957	1966	1975	4
1886	1895	1904	1913	1922	1931	1940	1949	1958	1967	1976	5
1887	1896	1905	1914	1923	1932	1941	1950	1959	1968	1977	6
1888	1897	1906	1915	1924	1933	1942	1951	1960	1969	1978	7
1889	1898	1907	1916	1925	1934	1943	1952	1961	1970	1979	8
1890	1899	1908	1917	1926	1935	1944	1953	1962	1971	1980	9
1981	1990	1999	2008	2017	2026	2035	2044	2053	2062	2071	1

1982	1991	2000	2009	2018	2027	2036	2045	2054	2063	2072	**2**
1983	1992	2001	2010	2019	2028	2037	2046	2055	2064	2073	**3**
1984	1993	2002	2011	2020	2029	2038	2047	2056	2065	2074	**4**
1985	1994	2003	2012	2021	2030	2039	2048	2057	2066	2075	**5**
1986	1995	2004	2013	2022	2031	2040	2049	2058	2067	2076	**6**
1987	1996	2005	2014	2023	2032	2041	2050	2059	2068	2077	**7**
1988	1997	2006	2015	2024	2033	2042	2051	2060	2069	2078	**8**
1989	1998	2007	2016	2025	2034	2043	2052	2061	2070	2079	**9**

Triangle and square patterns

```
                    28   37   46   55   64
  2                      38   47   56                         92
  3   12                      48                         84   93
  4   13   22                                      76   85   94
  5   14   23   32                            68   77   86   95
  6   15   24                                      78   87   96
  7   16                  52                            88   97
  8                                                          98
            36   44   53   62
                 45   54   63   72
                127  136  145  154  163
101                  137  146  155                           191
102  111                  147                            183 192
103  112  121                                       175  184 193
104  113  122  131                            167   176  185 194
105  114  123                                       177  186 195
106  115                 151                             187 196
107                 143  152  161                            197
          135  144  153  162  171
          226  235  244  253  262
200            236  245  254                                290
201  210                 246                             282 291
202  211  220                                 274   283  292
```

48

203	212	221	230				266	275	284	293
204	213	222						276	285	294
205	214				250				286	295
206				242	251	260				296
			234	243	252	261	270			
			325	334	343	352	361			
299				335	344	353				389
300	309				345				381	390
301	310	319						373	382	391
302	311	320	329				365	374	383	392
303	312	321						375	384	393
304	313				349				385	394
305				341	350	359				395
			333	342	351	360	369			
			424	433	442	451	460			
398				434	443	452				488
399	408				444				480	489
400	409	418						472	481	490
401	410	419	428				464	473	482	491
402	411	420						474	483	492
403	412				448				484	493
404				440	449	458				494
			432	441	450	459	468			
			523	532	541	550	559			
497				533	542	551				587
498	507				543				579	588
499	508	517						571	580	589
500	509	518	527				563	572	581	590
501	510	519						573	582	591
502	511				547				583	592
503				539	548	557				593
			531	540	549	558	567			
			622	631	640	649	658			
596				632	641	650				686
597	606				642				678	687
598	607	616						670	679	688
599	608	617	626				662	671	680	689

600	609	618						672	681	690
601	610				646				682	691
602				638	647	656				692
			630	639	648	657	666			
			721	730	739	748	757			
695				731	740	749				785
696	705				741				777	786
697	706	715						769	778	787
698	707	716	725					761	770	779	788
699	708	717							771	780	789
700	709					745			781	790
701					737	746	755			791
			729	738	747	756	765			
			820	829	838	847	856			
794				830	839	848				884
795	804				840				876	885
796	805	814						868	877	886
797	806	815	824					860	869	878	887
798	807	816							870	879	888
799	808					844			880	889
800				836	845	854				890
			828	837	846	855	864			
			919	928	937	946	955			
893				929	938	947				983
894	903				939				975	984
895	904	913						967	976	985
896	905	914	923					959	968	977	986
897	906	915							969	978	987
898	907					943			979	988
899					935	944	953			989
			927	936	945	954	963			
			1018	1027	1036	1045	1054			
992				1028	1037	1046				1082
993	1002				1038				1074	1083
994	1003	1012						1066	1075	1084
995	1004	1013	1022					1058	1067	1076	1085
996	1005	1014							1068	1077	1086

997	1006				1042			1078	1087
998			1034	1043	1052				1088
			1026	1035	1044	1053	1062		
			1117	1126	1135	1144	1153		
1091				1127	1136	1145			1181
1092	1101				1137			1173	1182
1093	1102	1111					1165	1174	1183
1094	1103	1112	1121			1157	1166	1175	1184
1095	1104	1113					1167	1176	1185
1096	1105			1141				1177	1186
1097			1133	1142	1151				1187
			1125	1134	1143	1152	1161		
			1216	1225	1234	1243	1252		
1190			1226	1235	1244				1280
1191	1200			1236				1272	1281
1192	1201	1210					1264	1273	1282
1193	1202	1211	1220			1256	1265	1274	1283
1194	1203	1212					1266	1275	1284
1195	1204			1240				1276	1285
1196			1232	1241	1250				1286
			1224	1233	1242	1251	1260		
			1315	1324	1333	1342	1351		
1289			1325	1334	1343				1379
1290	1299			1335				1371	1380
1291	1300	1309					1363	1372	1381
1292	1301	1310	1319			1355	1364	1373	1382
1293	1302	1311					1365	1374	1383
1294	1303			1339				1375	1384
1295				1331	1340	1349			1385
			1323	1332	1341	1350	1359		
			1414	1423	1432	1441	1450		
1388				1424	1433	1442			1478
1389	1398				1434			1470	1479
1390	1399	1408					1462	1471	1480
1391	1400	1409	1418			1454	1463	1472	1481
1392	1401	1410					1464	1473	1482
1393	1402			1438				1474	1483

1394					1430	1439	1448				1485
				1422	1431	1440	1449	1458			
				1513	1522	1531	1540	1549			
1487					1523	1532	1541				1577
1488	1497					1533				1569	1578
1489	1498	1507							1561	1570	1579
1490	1499	1508	1517						1553	1562	1571	1580
1491	1500	1509								1563	1572	1581
1492	1501					1537					1573	1582
1493					1529	1538	1547				1583
				1521	1530	1539	1548	1557			
				1612	1621	1630	1639	1648			
1586					1622	1631	1640				1676
1587	1596					1632				1668	1677
1588	1597	1606							1660	1669	1678
1589	1598	1607	1616						1652	1661	1670	1679
1590	1599	1608								1662	1671	1680
1591	1600					1636					1672	1681
1592					1628	1637	1646				1682
				1620	1629	1638	1647	1656			
				1711	1720	1729	1738	1747			
1685					1721	1730	1739				1775
1686	1695					1731				1767	1776
1687	1696	1705							1759	1768	1777
1688	1697	1706	1715						1751	1760	1769	1778
1689	1698	1707								1761	1770	1779
1690	1699					1735					1771	1780
1691					1727	1736	1745				1781
				1719	1728	1737	1746	1755			
				1810	1819	1828	1837	1846			
1784					1820	1829	1838				1874
1785	1794					1830				1866	1875
1786	1795	1804							1858	1867	1876
1787	1796	1805	1814						1850	1859	1868	1877
1788	1797	1806								1860	1869	1878
1789	1798					1834					1870	1879
1790					1826	1835	1844				1880

			1818	1827	1836	1845	1854		
			1909	1918	1927	1936	1945		
1883			1919	1928	1937				1973
1884	1893			1929				1965	1974
1885	1894	1903					1957	1966	1975
1886	1895	1904	1913				1958	1967	1976
1887	1896	1905				1949	1959	1968	1977
1888	1897				1933			1969	1978
1889				1925	1934	1943			1979
			1917	1926	1935	1944	1953		
			2008	2017	2026	2035	2044		
1982			2018	2027	2036				2072
1983	1992			2028				2064	2073
1984	1993	2002					2056	2065	2074
1985	1994	2003	2012			2048	2057	2066	2075
1986	1995	2004					2058	2067	2076
1987	1996				2032			2068	2077
1988				2024	2033	2042			2078
			2016	2025	2034	2043	2052		
1	10	19					73	82	91
	11	20	29			65	74	83	
		21	30	39		57	66	75	
			31	40	49	58	67		
				41	50	59			
			33	42	51	60	69		
		25	34	43		61	70	79	
	17	26	35				71	80	89
9	18	27					81	90	99
100	109	118					172	181	190
	110	119	128			164	173	182	
		120	129	138		156	165	174	
			130	139	148	157	166		
				140	149	158			
			132	141	150	159	168		

		124	133	142		160	169	178		
	116	125	134				170	179	188	
108	117	126						180	189	198
199	208	217						271	280	289
	209	218	227				263	272	281	
		219	228	237		255	264	273		
			229	238	247	256	265			
				239	248	257				
			231	240	249	258	267			
		223	232	241		259	268	277		
	215	224	233				269	278	287	
207	216	225						279	288	297
298	307	316						370	379	388
	308	317	326				362	371	380	
		318	327	336		354	363	372		
			328	337	346	355	364			
				338	347	356				
			330	339	348	357	366			
		322	331	340		358	367	376		
	314	323	332				368	377	386	
306	315	324						378	387	396
397	406	415						469	478	487
	407	416	425				461	470	479	
		417	426	435		453	462	471		
			427	436	445	454	463			
				437	446	455				
			429	438	447	456	465			
		421	430	439		457	466	475		
	413	422	431				467	476	485	
405	414	423						477	486	495
496	505	514						568	577	586
	506	515	524				560	569	578	
		516	525	534		552	561	570		
			526	535	544	553	562			
				536	545	554				
			528	537	546	555	564			
			520	529	538		556	565	574	

	512	521	530				566	575	584	
504	513	522						576	585	594
595	604	613						667	676	685
	605	614	623				659	668	677	
	615	624	633		651		660	669		
		625	634	643	652		661			
			635	644	653					
		627	636	645	654		663			
		619	628	637		655	664	673		
	611	620	629				665	674	683	
603	612	621						675	684	693
694	703	712						766	775	784
	704	713	722				758	767	776	
		714	723	732		750	759	768		
			724	733	742	751	760			
				734	743	752				
			726	735	744	753	762			
		718	727	736		754	763	772		
	710	719	728				764	773	782	
702	711	720						774	783	792
793	802	811						865	874	883
	803	812	821				857	866	875	
		813	822	831		849	858	867		
			823	832	841	850	859			
				833	842	851				
			825	834	843	852	861			
		817	826	835		853	862	871		
	809	818	827				863	872	881	
801	810	819						873	882	891
892	901	910						964	973	982
	902	911	920				956	965	974	
		912	921	930		948	957	966		
			922	931	940	949	958			
				932	941	950				
			924	933	942	951	960			
		916	925	934		952	961	970		
	908	917	926				962	971	980	

900	909	918					972	981	990	
991	1000	1009					1063	1072	1081	
	1001	1010	1019				1055	1064	1073	
		1011	1020	1029		1047	1056	1065		
			1021	1030	1039	1048	1057			
				1031	1040	1049				
			1023	1032	1041	1050	1059			
		1015	1024	1033		1051	1060	1069		
	1007	1016	1025				1061	1070	1079	
999	1008	1017						1071	1080	1089
1090	1099	1108						1162	1171	1180
	1100	1109	1118				1154	1163	1172	
		1110	1119	1128		1146	1155	1164		
			1120	1129	1138	1147	1156			
				1130	1139	1148				
			1122	1131	1140	1149	1158			
		1114	1123	1132		1150	1159	1168		
	1106	1115	1124				1160	1169	1178	
1098	1107	1116						1170	1179	1188
1189	1198	1207						1261	1270	1279
	1199	1208	1217				1253	1262	1271	
		1209	1218	1227		1245	1254	1263		
			1219	1228	1237	1246	1255			
				1229	1238	1247				
			1221	1230	1239	1248	1257			
		1213	1222	1231		1249	1258	1267		
	1205	1214	1223				1259	1268	1277	
1197	1206	1215						1269	1278	1287
1288	1297	1306						1360	1369	1378
	1298	1307	1316				1352	1361	1370	
		1308	1317	1326		1344	1353	1362		
			1318	1327	1336	1345	1354			
				1328	1337	1346				
			1320	1329	1338	1347	1356			
		1312	1321	1330		1348	1357	1366		
	1304	1313	1322				1358	1367	1376	
1296	1305	1314						1368	1377	1386

1387	1396	1405							1459	1468	1477
	1397	1406	1415				1451	1460	1469	
		1407	1416	1425		1443	1452	1461		
			1417	1426	1435	1444	1453			
				1427	1436	1445				
			1419	1428	1437	1446	1455			
		1411	1420	1429		1447	1456	1465		
	1403	1412	1421				1457	1466	1475	1485
1395	1404	1413						1467	1476	1485
1486	1495	1504						1558	1567	1576
	1496	1505	1514				1550	1559	1568	
		1506	1515	1524		1542	1551	1560		
			1516	1525	1534	1543	1552			
				1526	1535	1544				
			1518	1527	1536	1545	1554			
		1510	1519	1528		1546	1555	1564		
	1502	1511	1520				1556	1565	1574	
1494	1503	1512						1566	1575	1584
1585	1594	1603						1657	1666	1675
	1595	1604	1613				1649	1658	1667	
		1605	1614	1623		1641	1650	1659		
			1615	1624	1633	1642	1651			
				1625	1634	1643				
			1617	1626	1635	1644	1653			
		1609	1618	1627		1645	1654	1663		
	1601	1610	1619				1655	1664	1673	
1593	1602	1611						1665	1674	1683
1684	1693	1702						1756	1765	1774
	1694	1703	1712				1748	1757	1766	
		1704	1713	1722		1740	1749	1758		
			1714	1723	1732	1741	1750			
				1724	1733	1742				
			1716	1725	1734	1743	1752			
		1708	1717	1726		1744	1753	1762		
	1700	1709	1718				1754	1763	1772	
1692	1701	1710						1764	1773	1782
1783	1792	1801						1855	1864	1873

		1793	1802	1811				1847	1856	1865
			1803	1812	1821		1839	1848	1857	
			1813	1822	1831	1840	1849			
				1823	1832	1841				
			1815	1824	1833	1842	1851			
		1807	1816	1825		1843	1852	1861		
	1799	1808	1817				1853	1862	1871	
1791	1800	1809						1863	1872	1881
1882	1891	1900						1954	1963	1972
	1892	1901	1910				1946	1955	1964	
		1902	1911	1920		1938	1947	1956		
			1912	1921	1930	1939	1948			
				1922	1931	1940				
			1914	1923	1932	1941	1950			
				1915	1924		1942	1951	1960	
		1906	1915	1916			1952	1961	1970	
	1898	1907	1916					1962	1971	1980
1890	1899	1908						2053	2062	2071
1981	1990	1999								
	1991	2000	2009				2045	2054	2063	
		2001	2010	2019		2037	2046	2055		
			2011	2020	2029	2038	2047			
				2021	2030	2039				
			2013	2022	2031	2040	2049			
				2014	2023		2041	2050	2059	
		2005					2051	2060	2069	
	1997	2006	2015					2061	2070	2079
1989	1998	2007								

www.ingramcontent.com/pod-product-compliance
Lightning Source LLC
Chambersburg PA
CBHW062122220526
45471CB00010B/3838